高等教育摄影专业教材

数码摄影与色彩管理

孙小川 焦 洋 陈 越 著

U0336210

中国摄影出版传媒有限责任公司

China Photographic Publishing & Media Co., Ltd.

中国摄影出版社

图书在版编目（ＣＩＰ）数据

数码摄影与色彩管理 / 孙小川 , 焦洋 , 陈越著 . --
北京 : 中国摄影出版传媒有限责任公司 , 2022.12
ISBN 978-7-5179-1280-4

Ⅰ . ①数… Ⅱ . ①孙… ②焦… ③陈… Ⅲ . ①数字照
相机－摄影技术②摄影艺术－色彩学 Ⅳ . ① TB86 ② J41
③ J406

中国国家版本馆 CIP 数据核字 (2023) 第 032695 号

数码摄影与色彩管理

作　　者：孙小川　焦　洋　陈　越
出 品 人：高　扬
执行策划：常爱平
责任编辑：常爱平
封面设计：冯　卓
出　　版：中国摄影出版传媒有限责任公司（中国摄影出版社）
　　　　　地址：北京市东城区东四十二条 48 号　邮编：100007
　　　　　发行部：010-65136125　65280977
　　　　　网址：www.cpph.com
　　　　　邮箱：distribution@cpph.com
印　　刷：北京地大彩印有限公司
开　　本：16 开　787×1092 毫米
印　　张：5
字　　数：50 千字
版　　次：2024 年 3 月第 1 版
印　　次：2024 年 3 月第 1 次印刷
ISBN 978-7-5179-1280-4
定　　价：48.00 元

前　言

当今，数码摄影的发展伴随着数字技术的不断更新，向着小型化、高分辨率化的方向发展。智能手机的出现替代了部分人手中的数码相机，在智能化数字技术的帮助下，我们能够比以往更加轻松地创作一张颜色、影调都令人满意的照片。

智能化数字技术帮助人类实现了技术的大众化，打破了技术的藩篱，拍摄技术不再是阻碍普通人获取影像的一道障碍。我们当下的影像大部分驻留在个人电脑、相机、手机的存储器中。当我们需要将影像打印在纸张或其他介质上时，往往会产生输出颜色与原始影像颜色不一致的情况，这时我们就需要了解色彩管理的原理及其应用，更好地解决颜色不一致的问题。

在本书中，笔者通过多年的拍摄与教学经验，总结了前期拍摄与色彩管理中的基本原理等环节，特编辑成书，与读者分享相关技术体验。

目 录

第一章　摄影曝光

一、摄影曝光

　　曝光是表示数码相机或传统胶片相机形成的图像整体亮度的术语，影像的亮度是由图像感应器或胶片所接收到的光量决定的。相机中的光圈和快门类似阀门一样，起到调整进光量的作用。快门控制的是进光时间长短，单位是秒，相当于光线之门打开的时间。光圈控制的是进光量多寡，表示光孔打开的大小，用 f 表示。相机分别通过对两者进行调节来控制光线通过量。为了使影像获得恰当的明暗度，需要对光圈和快门进行调整。例如，用高速快门匹配大光圈可以获得一定的亮度，同样道理，也可采用低速快门匹配小光圈来获得相同的亮度。从摄影曝光来看，虽然二者数值不同，最终获得的影像明暗程度是相同的。

1. 光圈

　　光圈是指装在照相机镜头里的可变光栅的光孔大小。光圈是人类模仿人眼虹膜的原理制造的，虹膜在光线较暗时会开大，目的是增加进入视网膜的光量，从而看清楚对象；虹膜在光线较亮时会缩小，目的是减少到达视网膜的光量。相机镜头的光圈模仿虹膜在不同的亮度中开大和缩小，从而达到拍摄时控制到达图像感应器或胶片光线量的目的。

　　镜头内置的光圈可根据其开闭程度调整图像感应器的受光量，是非常重要的部件，其打开比例称为"光圈值"。随着镜头光圈的开大和缩小，摄影者可感觉到一系列定位时的"咔嚓"声。这些定位处被称为"f 系数"，以数字计。

图 1-1 光圈

f 系数每下降一级，就会有较上一级 2 倍的光量到达传感器或胶片；当 f 系数每增加一级，到达传感器或胶片的光量就会减少一半。光圈越大，f 系数越小；光圈越小，f 系数越大。（图 1-1）

　　光圈不仅起到调节光量的作用，而且还具有调整聚焦范围的功能。受光圈和镜头结构的影响，当光圈开得较大时仅聚焦于拍摄对象主体，当光圈开得较小时可对更广范围合焦。这个合焦范围被称为"景深"。在聚焦完成后，焦点前后的一定范围内可呈现出清晰影像，这一前一后的距离范围便叫作景深。（图 1-2、图 1-3、图 1-4）

　　在拍摄照片时，不管我们是否意识到，光圈总是以一定的形式影响照片的效果。相机内置的多种场景模式就利用了光圈的该特性，如在人像模式下自动采用大光圈以使背景虚化，而风光模式则缩小光圈以对画面整体合焦。虽然光圈系数大时能使景深扩大，但需要注意光圈不要过小。光圈过小时会出现衍射

图 1-2　景深对比（f/22）

图 1-3　景深对比（f/8）

图 1-4　景深对比（f/2.8）

现象，这是由于光线在光圈叶片的周围出现了漫反射，即因光圈过小使光线通道出口狭小而产生的现象。通常当拍摄风景等希望对大范围进行合焦并清晰成像时，一般用 f/8-f/11 的光圈就比较合适。

2. 快门

快门表示光线投射到图像感应器或胶片的时间长短。除了能控制时间长短，快门在照片表现方面也会产生一定效果，例如当快门速度较高时，也即高于拍摄对象移动的速度，可将运动的拍摄对象凝固于画面中，类似拍摄赛车、赛跑等移动快速的物体场景；当快门速度降低时，会产生影像的虚化以及照片中的轨迹感等效果。影像的虚化是因为在拍摄动态的对象时，快门速度低于拍摄对象速度，如拍摄行走的人，通过虚化反而增加了速度感。而在拍摄夜晚的车流时，使用慢速快门则可以拍摄下车灯的轨迹感。

二、恰当曝光

曝光量是指在图像感应器或胶片上得到恰当曝光的影像所需的光量。曝光量是光的强度（光圈）和曝光时间（快门）的组合联动控制的。恰当的曝光是通过测光表测得拍摄影像所需的光圈和快门数值，同时根据拍摄者的个人追求进行适当的曝光控制，得到与拍摄者最终在影像上所要表现的图像效果相一致的结果，也即预想与客观曝光值的契合。

通常所说的恰当曝光是指采用合适的光量进行拍摄，获得视觉效果良好的亮度的照片，其画面既不要过亮也不要过暗，就像在日常生活中人眼所见的场景明暗影调一样。判断一张照片的曝光，一方面需要了解正常曝光量的影调标准，另一方面就是依从我们生活中的视觉经验。有时照片整体亮度过大，看起来明亮，但缺少了很多层次与细节，亮度大幅超出正常范围，这种情况称为"曝光过度"，在数码摄影中可称为"高光溢出"；有时照片整体影调过暗，同样

图 1-5　曝光不足

图 1-6　曝光正确

图 1-7　曝光过度

缺失了很多层次与细节，这种情况称为"曝光不足"，在数码摄影中可称为"暗部缺失"。（图 1-5、图 1-6、图 1-7）

三、测光原理

快门速度和光圈的范围都是已知的因素，未知的因素是光线的照度和物体的反射情况。所以，测定正确曝光实际上就是测定这些未知的因素，并同个人主观表现的意图相结合，最后参考测光表的读数，得出一组可以直接用于相机上的最佳速度和光圈。

首先，我们要了解测光表的工作原理。我们的眼睛可以看到眼前的拍摄对象并且通过视网膜传送到大脑，视觉细胞和视觉神经会把视觉信息传递给大脑。大脑经过对视觉信号的处理，辨识出我们眼中看到的事物。据此，我们的眼睛能分辨出对象具体是什么事物，深色还是浅色，光滑还是粗糙。而测光表不同于人的眼睛，它不能辨别拍摄对象，无论拍摄现场的照明强度是亮还是暗，也不论物体本身颜色的深浅，测光表都认为所测量的物体是中灰色影调，根据它测得的光圈和快门组合来曝光，我们得到的是一个中灰色的影调。

所有测光表都是根据中灰影调来校正的，我们定义这个中灰影调值是18%

图 1-8 18% 中灰

的灰，因为这种中灰影调反射的是18%的光线量。18%中灰是自然界的景物从纯黑到纯白之间的影调中段，同时自然界景物的平均反射率也是18%的中灰。假设有一个物体是绝对的黑，根本不反射光，我们就说它的反射率是0；在另一个极端，假设有一个物体是绝对的白，它把所有的光都反射回来，它的反射率是100%。所有的物体影调都在这两个极端之间的某一点。中灰的定义来自光线反射率。光线的反射率范围在0%—100%。人眼能识别的最低反射率在3.6%左右，常见的煤炭的反射率就接近这个数字；人眼能识别的最高反射率在90%左右，比如常见的白卡纸。因为18%是3.6%的5倍，90%是18%的5倍，倍数居中，因此反射率18%被定义为中灰。

如果把测光表对准一张黑色卡纸，测光表并不知道测量的是一张黑色的卡纸还是其他任何物体，而是会把它所测量的一切主体都还原为18%中灰色调，按测光表所测得的数据组合曝光，在照片上呈现的黑色卡纸是灰色的色调。这种情况同样发生在白卡纸上，按照测光表读数曝光会使白卡纸在照片上呈现为灰色。这就是为什么许多快照中白色和黑色的物体常常呈现灰色的原因。（图1-8）

四、感光度

传统胶片的感光度通常指的是ISO感光度，现在数码相机的感光度沿用了这个说法，是指图像感应器对光线的敏感度，也由ISO数值表示。在光线较暗时，如果不想使用闪光灯，就可以提高感光度，减少曝光时间。但是随着感光度的提高，照片会产生噪点。

噪点是照片中视觉观看下出现的较粗的颗粒感，是伴随着感光度的提高而产生的。这是因为提高感光度就势必对信号进行电子放大增幅，噪点就是在这个过程中所产生的杂质信号。（图1-9、图1-10）

图 1-9 噪点

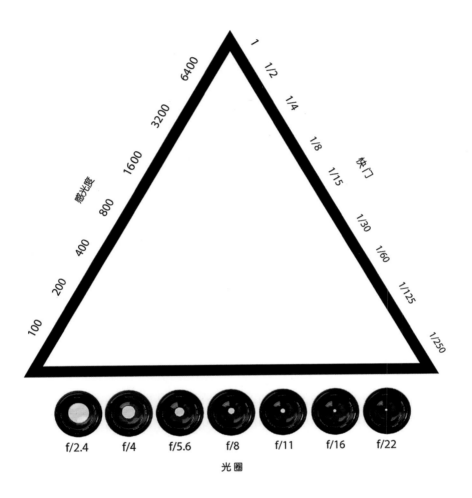

图 1-10 曝光三角

五、区域曝光法

区域曝光法是在 20 世纪 30 年代由美国摄影家安塞尔·亚当斯提出的。这一理论为摄影曝光建立了标准影调流程。现代相机内置测光表的设计思路是向用户提供一个在大多数情况下都适用的曝光读数。但当面对非常规环境时，比如一个同时有着明亮区域和黑暗区域的场景，相机测光表有可能无法准确测光。此时通过区域曝光法可以很好地布置影调。尽管区域曝光法最初是基于黑白胶片摄影建立起来的，不过这种方法同样适用于黑白或彩色胶卷、负片或反转片，以及数码摄影。（图 1-11）

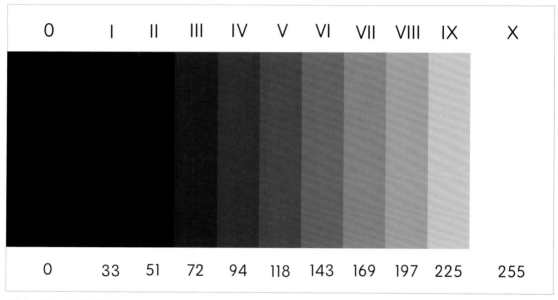

图 1-11　区域影调

区域曝光法将一个场景按照影调从黑到白分为 11 个区域，其中每一部分即为一区，每一区域与前后一区相差 1 级曝光。所有区域用罗马数字标注，中间区位于第六区，即 Zone V。对数码摄影来说，一般只需关注 III 区到 VII 区之间。场景中最暗的部分会落入 III 区，最亮的部分则进入 VII 区。超出这个范围的部分会被当作纯黑或纯白处理，没有任何影调细节。当用相机对准一处拥有平均反射率的场景并准确测光，就能得到按照平均反射率还原的图像影调。如果增加 1 级光圈或降低 1 级快门，图像就会过曝 1 级。若缩小 1 级光圈或提高 1 级快门，图像就会欠曝 1 级。

全影调幅度主要指的就是从 0 区到 X 区的整个曝光区域，也是从黑到白影调渐变的整个范围。

　　有效影调指的是 11 个曝光区域里从Ⅱ区到Ⅷ区的范围。因为在暗部的 0 区、Ⅰ区低密度值部分和亮部的Ⅸ区、Ⅹ区高密度值部分，由于底片的密度太小和太大，通过人的肉眼几乎是分辨不出层次的，虽然完整的影调范围是包括这 4 个区域，但实际拍摄时真正能够利用的是从Ⅱ区到Ⅷ区的影调范围。

　　通常情况下，我们需要使用测光表对拍摄对象的曝光值进行测定。相机内置测光表的作用是向拍摄者提供一个在大多数情况下都适用的曝光读数。也就是说，相机会把所有场景都当作具有中性反射率（18% 反射率）的影调看待，并以此作为产生影调的依据，这就是中性灰。因此，如果一个场景中有较多的明亮部分，经相机曝光还原出来的图像就会比实际更暗，也就是欠曝。相反，一个以黑暗区域为主的场景，则会被相机还原得偏亮，即过曝。人类的眼睛看到的大部分颜色的反射率位于平均值左右，也就是与中性灰反射的光线相当，即中间调。在区域曝光法里，中间调就是指 V 区，即影调的中灰部分。

　　按区域曝光法的原理，事先将物体上中灰部分的亮度"置"于曝光等级表的 V 区上，其他部分的亮度则"落"在其他曝光区。就是说，先将物体上某一部分的亮度置于一个特定的曝光区上，然后看看其他部分的亮度落在哪些曝光区。根据测光表测定的物体上某一明亮面的亮度进行曝光这样一个能产生特定影调值的方法，我们就可以想象出用"V 区曝光"拍摄的物体将是什么样的灰色。也就可以确立曝光等级中的"V 区曝光"，底片密度中的"密度值 V"与影调中的"影调值 V"。根据经验，我们知道，减少曝光将降低照片影调值，增加曝光将提高其影调值。所以，在决定其他曝光等级时，我们把每变化一级光圈作为曝光等级中变化一个区的曝光，在照片影调中，相应地提高或降低一个影调值。

六、曝光补偿

　　主要是在数码相机上应用，当相机在自动曝光模式下，或设置为速度优先或光圈优先时，曝光补偿在原来机内测光系统测得的曝光量的基础上，通过调节相机上的曝光补偿的值，在曝光时又相应地增加和减少一定的曝光量。通常曝光补偿增加或减少 1/2 挡或 1 挡，这就被称为"分级曝光"。相机决定的正确曝光不一定能带来对某些场景来说的最佳亮度。如果主体色彩为黑色，大部分相机都会过度曝光，令影像过于光亮。相反，如果主题色彩为白色，大部分相机都会曝光不足，产生阴暗的影像。这是因为白色反射率高，而黑色则拥有低反射率。

曝光程度通常以曝光值（EV）表示，不同相机有不同的曝光补偿范围，但通常都在 EV-5.0 至 EV+5.0 之间。将曝光补偿值向正值方向调整 1EV（EV+1.0）会将影像明亮度提高至原本的 2 倍，而向负值方向调整 1EV（EV-1.0）则会将影像明亮度减至原本的 1/2。1EV 的调整相当于增大或缩小一级光圈。

曝光补偿操作及适用的场景主要分为以下两种：

正值曝光补偿。拍摄背光主体、反射率高的主体及明亮的场景，如按照测光表测量的读数曝光，其获得的影像会比肉眼所见的实际情况偏暗。在这些情况下，应使用正值曝光补偿。

负值曝光补偿。拍摄阴暗的主体及阴暗的场景，如按照测光表测量的读数曝光，其获得的影像会显得比肉眼所见的实际场景明亮，这样可能会导致色彩细节缺失。在这些情况下，应使用负值曝光补偿。白色或接近白色的主体如洁白的沙滩或白雪皑皑的场景拥有高反射率，这表示如果以自动曝光模式来拍摄的话，它们会显得阴暗。对于这些主体，应运用正值曝光补偿。对于难以决定曝光的场景，可以采用自动包围曝光（AEB）功能。它会自动为同一场景拍摄 3 张以上不同曝光的照片。拍摄完成后，可以选择拥有理想曝光程度的照片。

七、曝光对色彩的影响

通过曝光我们了解到，照片可以在恰当曝光下获得良好的影调和层次感。

对于初学者而言，辨别一张照片的影调优劣是重要的一个环节。特别是在拍摄黑白影像时，这一点至关重要。曝光除了对黑白摄影有影响外，对彩色摄影也同样重要。实际上，彩色摄影对于拍摄者的技术要求更高，因为彩色摄影需要解决影调和色彩两项主要问题，才能拍摄出影调丰富、色彩高级的画面。

影响色彩表现的因素有多种，主要体现在以下几方面：

1. 曝光影响

过度的曝光，会使照片显得密度低、明度大、色彩不饱和；曝光不足又会使照片显得密度高、明度小，色彩同样不饱和。

2. 光线影响

同一物体在阳光下显得鲜明，阴暗处显得晦暗；在钨丝灯下色彩偏红，在日光灯下色彩偏蓝。

3. 光源影响

光源角度对色彩表现力的影响如下：顺光亮度大、明度高，能够不加修饰地表现拍摄对象的本来面目；侧光层次丰富，明暗有别；逆光造型效果最好。

4. 色温影响

光源色温的高低影响物体色彩的明亮程度和色彩还原。

第二章　色彩管理

一、什么是色彩管理

　　色彩管理是指通过对设备色彩空间的管理，精确控制并描述我们在计算机屏幕上看见的、通过扫描仪生成的和印刷机印刷的图像色彩呈现。色彩管理伴随影像创作、影像处理与图像输出的整个过程，被应用到越来越多的领域。从图像创建到最终图像输出，执行色彩转换是以系统化的方式进行的。在从一个设备到另一个设备的转换过程中，色彩管理系统应尽量保持并优化颜色的保真度。简而言之，色彩管理就是为了保证颜色在输入、处理、输出的整个过程中始终保持一致，也就是常说的"所见即所得"。

　　色彩匹配问题是因不同的设备和软件使用的色彩空间不同而造成的。解决该问题的一种方式是使用一个可以在设备之间准确地解释和转换颜色的系统。色彩管理系统是将创建了颜色的色彩空间与输出该颜色的色彩空间进行比较，并作必要的调整，使不同的设备所表现的颜色尽可能一致。色彩管理系统借助颜色配置文件来转换颜色。配置文件是对设备的色彩空间的数学描述。例如，扫描仪配置文件"告诉"色彩管理系统的扫描仪如何"看到"色彩。Adobe色彩管理系统使用 ICC 配置文件，这是一种被国际色彩协会（International Color Consortium，简称ICC）定义为跨平台标准的格式。由于任何一种颜色转换方式都无法处理所有类型的图形，因此色彩管理系统提供了一些可供选择的转换方法，这样就可以对特定图形元素应用适当的方法。

二、色彩的基本原理与空间

　　我们见到的颜色，如苹果的红色、天空的蓝色、草的绿色，其实都是在一定条件下才出现的色彩。这些条件主要归纳为 3 项，就是光线、物体反射和眼睛。光和色是并存的，没有光就没有色，色彩就是光线到达我们眼睛内产生的知觉。影像是由形状和色彩所组成的。

凡是能作用于人们的眼睛，并引起明亮视觉感应的电磁辐射，即被称作"光"。电磁辐射可以通过数值来描述，这种数值叫"波长"，也即光波。电磁辐射的波长范围很广，我们能见到的光的波长范围在 380—780 纳米（nm）之间，随着波长由短到长，色彩呈现为由紫到红的颜色。（图 2-1）

不同波长的光所反射的强度是不同的，因此，测量物体所反射的波长分布，便可以确定该物体是什么颜色。例如，一个物体在 700—760nm 这段波长内有较多的反射，则该物体偏向红色；如果在 500—570nm 这段波长内有较多的反射，则物体偏向绿色。通过测量物体反射光量的方法，我们可以精确地推定两

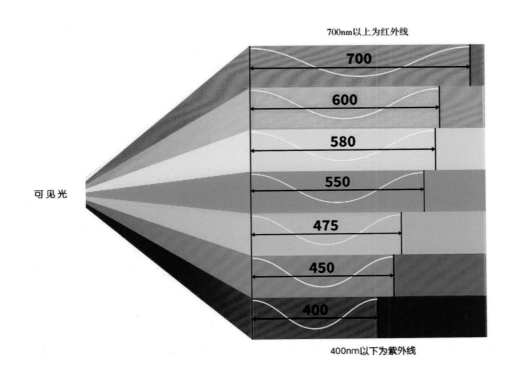

图 2-1　可见光谱

个物体的颜色是否相同。

1. RGB 色彩空间

测量光量反射的方法固然很精确，但它并不实用，因为眼睛并非以波长来认知颜色。眼睛的视网膜内分布着两种细胞——杆状细胞和锥状细胞，这些细胞对光线做出反应，便形成色彩知觉。杆状细胞是一种灵敏度很高的接收系统，能够分辨极微小的亮度差别，协助我们辨识物体的层次，但是不能分辨颜色。锥状细胞较不灵敏，但是有分辨颜色的能力。所以，在亮度很弱的情况下，物体看起来都是灰暗的，因为锥状细胞在这时已不发挥作用，只有杆状细胞在工作。

锥状细胞对不同色光的反应并不是一样的。当一束光线射到视网膜上，锥状细胞对红光、绿光及蓝光三种视色素产生敏感性，即眼睛只需以不同强度和比例的红、绿、蓝三色组合起来，便能产生出任何色彩的知觉，因而红、绿、蓝可以说是三基色。利用三基色色光的相加叠合，我们基本上能够模拟自然界中出现的各种色彩，这就是著名的光学三原色原理。以这种方法产生色彩亦叫作加法混色。显示器显像和数码摄影就是这种混色方法的具体应用，也就是我们通常说的 RGB 颜色模式。（图 2-2）

2. Lab 色彩空间

RGB 颜色模式很好地说明了各种颜色的混合现象，但不能很好地解释色盲现象。按照人眼分别有感受红光、绿光及蓝光的三种视色素的原理来说，至少应该有三种不同的色盲，即红色盲、绿色盲、蓝色盲。但事实上几乎所有的红色盲同时也是绿色盲，几乎所有蓝色盲同时也是黄色盲，色盲现象是成对出现的。

根据研究发现，视网膜上的锥状细胞对三种颜色产生视敏感的机制，在视觉信息向大脑的传导通路中则变成了对三对颜色产生视敏感的机制，即光的强弱反应（黑与白，L）、红绿反应（R—G）、黄蓝反应（Y—B），每对颜色都是锥

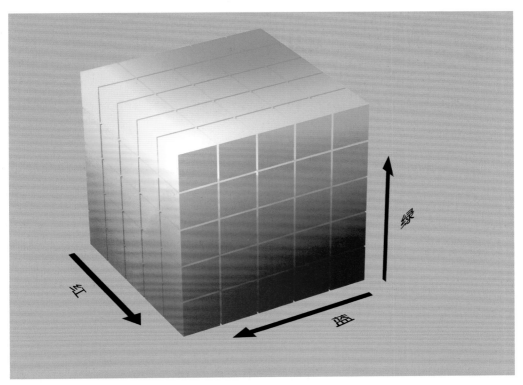

图 2-2 RGB 颜色模型

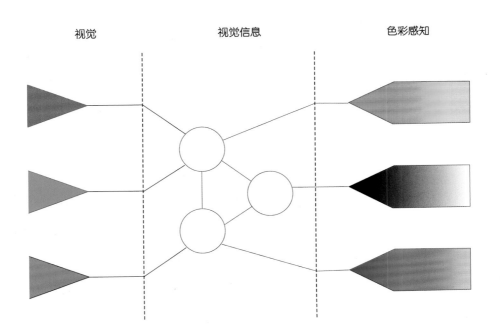

图 2-3 颜色视觉机制传输模型

状细胞对一种颜色兴奋而对另一种颜色的感知就会被抑制的过程。（图 2-3）

根据人眼的这种视觉机制，人们制定出了 Lab 颜色模式。Lab 色彩模型用三组数值表示色彩： L（Lightness）：亮度，数值从 0 到 100；a：红色和绿色两种原色之间的变化区域，数值从 -120 到 +120；b：黄色到蓝色两种原色之间的变化区域，数值从 -120 到 +120。（图 2-4）

Lab 颜色模式包含了人眼所能看到的所有颜色，此种色彩模式与光线和设备无关，并且处理速度与 RGB 模式同样快，比 CMYK 模式快很多。因此，我们可以放心大胆地在图像编辑中使用 Lab 模式。而且 Lab 模式在转换成 CMYK 模式时色彩没有丢失或被替换。将 RGB 模式转换成 CMYK 模式时，Photoshop 自动将 RGB 模式转换为 Lab 模式，再转换为 CMYK 模式。在表达色彩范围上，处于第一位的是 Lab 模式，第二位的是 RGB 模式，第三位是 CMYK 模式。

CMYK 模式是一种色彩模式，当阳光照射到一个物体上时，这个物体将吸收一部分光线，并将剩下的光线进行反射，反射的光线就是我们所看见的物体颜色的减色模式。按照这种减色模式，就衍变出了适合印刷的 CMYK 色彩模式。不但我们看物体的颜色时用到了这种减色模式，而且在纸上印刷时应用的也是这种减色模式。C 代表青色（Cyan），M 代表洋红色（Magenta），Y 代表黄色（Yellow），K 代表黑色（Black）。

3. CIE 1931 色度图

CIE 1931 色度图（CIE 1931 Chromaticity Diagram）是国际照明委员会（International Commission on Illumination）在 1931 年开发并在 1964 年修订的 CIE 颜色系统，该系统是其他颜色系统的基础。它使用红、绿和蓝三种颜色作为三种基色，而所有其他颜色都从这三种颜色中导出。通过相加混色或者相减混色，任何色调都可以使用不同量的基色产生。

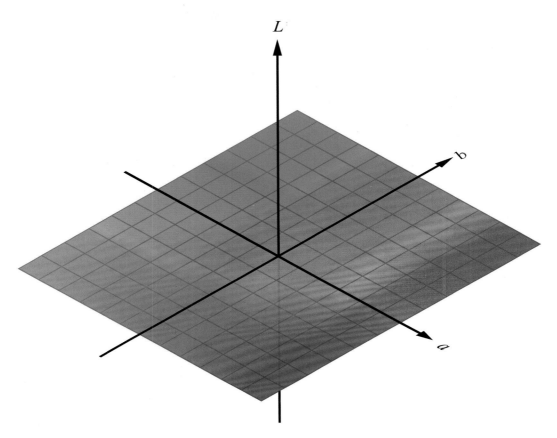

图 2-4 颜色视觉机制传输模型

　　CIE1931 色度图是用标称值表示的 CIE 色度图。其中，x 轴表示红色分量，y 轴表示绿色分量。图中的 E 点代表白光，它的坐标为（0.33，0.33）；CIE1931 色度图边缘的颜色是光谱色，边界代表光谱色的最大饱和度，边界上的数字表示光谱色的波长，其轮廓包含所有的可感知色调。所有单色光都位于舌形曲线上，这条曲线就是单色轨迹，曲线旁标注的数字是单色光的波长值。自然界中各种实际颜色都位于这条闭合曲线内，任何颜色都可以在 CIE 1931 色度图中找到相应的坐标。这就是色彩管理的基础，所有颜色都在色度图上有相应的坐标，不同色彩空间的颜色都可以通过其在色度图上的坐标相互转换。（图 2-5）

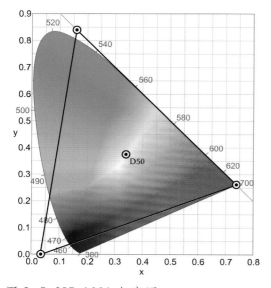

图 2-5 CIE 1931 色度图

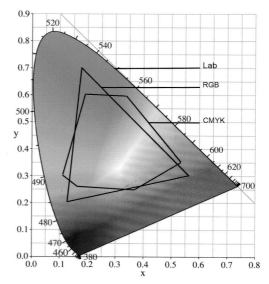

图 2-6 色域空间

三、色域

色域是颜色系统可以显示或打印的颜色范围。彩色成像设备包括多种设备，例如数码相机、扫描仪、显示器和打印机等设备，它们能够还原的色彩范围各不相同，我们用色域这个概念来区分这些差别，并协调各个设备之间可以通用的颜色。

1. 不同颜色系统色域

各种颜色模型中，Lab 具有最宽的色域，Lab 色域包括了 RGB 和 CMYK 色域中的所有颜色分布。Lab 的色域完全符合 CIE 1931 色度图。通常，对于可在计算机显示器或电视机显示器上显示的颜色，RGB 色域都会包含。CMYK 色域较窄，仅包含使用印刷油墨能够打印的颜色。显示器上显示的超出打印范围的颜色称为溢色，即超出 CMYK 色域之外的颜色。就像一个容积为 5 升的水桶，当装满 5 升水时，再多出的水会漫溢到水桶外，因此超出某一色域之外的颜色，也即不能在设备上表现出的颜色。Lab、RGB、CMYK色域包含颜色范围的区别如图2-6所示。

　　不同色域的颜色在相互转换时会因为色域的不同而出现颜色外观的改变。不但RGB转换成CMYK会出现颜色变化，就是不同的显示器、打印机也有各自不同的RGB、CMYK色域，这就是图片在不同状况下会出现变色的原因。可以说图片在改变显示状态下颜色出现变化是必然的，这也就是色彩管理需要解决的问题。

2.显示器的色域

　　显示器常用的三种色域标准是sRGB、Adobe RGB和NTSC。每个标准所定义的色域表现为CIE1931色度图上的三角形。这些三角形显示了RGB的坐标，并用直线将它们连接起来。三角形的面积越大，表明这个标准能够显示的颜色越多。对于液晶显示器来说，这意味着其屏幕上可以还原的色彩范围就越大。

　　用于个人计算机的标准色域是由国际电工委员会（International Electrotechnical Commission，简称IEC）于1998年制定的国际sRGB标准。在大多数情况下，液晶显示器、打印机、数码相机等产品和各种应用程序都需要尽可能准确地还原sRGB色域。如果能确保图像数据输入和输出使用的设备和应用程序都与sRGB色彩空间兼容，就可以减少输入和输出之间的色彩偏差。但是，通过CIE1931色度图可以看出，使用sRGB可以表现的色彩范围很小。出于这个原因，以及数码相机和打印机等设备的发展，色彩还原能力大大超过sRGB标准的设备得到广泛应用，使得Adobe RGB标准及其更宽的色域近年来引起了人们的关注。Adobe RGB的特点是具有比sRGB更广的范围，特别是在G色域，也就是说，它能够表现更鲜艳的绿色。Adobe RGB由Adobe Systems于1998年制定。虽然不像sRGB那样是一项国际标准，但得益于Adobe图形的广泛应用，它实际上已经成为专业彩色成像环境以及印刷和出版业的标准。越来越多的液晶显示器能够还原绝大部分Adobe RGB色域。

模拟电视的色域标准 NTSC 是由美国国家电视标准委员会（National Television Standards Committee）制定的色域。虽然能够在 NTSC 标准下显示的色彩范围与 Adobe RGB 接近，但它的 R 和 B 值稍有不同。sRGB 色域覆盖约 72% 的 NTSC 色域。NTSC 更适合于视频制作时对于色域的要求，涉及静态图像的应用更多是使用 sRGB 或 Adobe RGB 的色彩模式。sRGB 的兼容性和还原 Adobe RGB 色域的能力是液晶显示器处理静态图像的关键。

四、色温

色温是表示光线中包含颜色成分的一个计量单位。色温采用绝对温度开尔文（K）为单位。这个概念基于一个虚构黑色物体在被加热到不同的温度时会发出不同颜色的光，其物体呈现为不同颜色。就像加热铁块时，铁块先变成红色，然后是黄色，最后会变成白色。这样，颜色和温度之间就有了一种联系。当温度升高时，物体的辐射会改变，从而导致颜色的变化。

日常生活中存在许多种光源，如日光、月光、白炽灯光等。有些光源发出的光中含有大量的蓝色光，有些光源发出的光中含有大量的黄色光，而日光中含有大量波长 400—500 纳米的高能量光。不同的光源含有不同颜色光的量不同，因此，在不同的光源下，物体显示出的色调不同。使用这种方法标定的色温与普通大众所认为的"暖"和"冷"正好相反。例如，通常人们会感觉红色、橙色和黄色较暖，白色和蓝色较冷，而实际上红色的色温最低，然后逐步增加的是橙色、黄色、白色和蓝色，蓝色色温最高。

一天当中日光的光色亦随时间变化，日出后 40 分钟光色较黄，色温 3000K；正午阳光雪白，色温上升至 4800—5800K，阴天正午时分色温约 6500K；日落前光色偏红，色温又降至 2200K。（表 2-1）

利用自然光进行拍摄时，由于不同时间段光线的色温并不相同，因此拍摄出来的照片色彩也并不相同。例如，在晴朗的蓝天下拍摄时，由于光线的色温

光线类型	色温值
北方晴空	8000—8500K
阴天	6500—7500K
夏日正午阳光	5500K
下午日光	4000K
冷色荧光灯	4000—5000K
暖色荧光灯	2500—3000K
钨丝灯	2700K
蜡烛光	2000K

表 2-1 不同光源环境的色温

较高，因此照片偏冷色调；而如果在黄昏时拍摄，由于光线的色温较低，因此照片偏暖色调。利用人工光线进行拍摄时，也会出现因光源类型不同而照片色调不同的情况。

四张图片分别表明不同色温状态下图片的颜色感觉。（图 2-7）

图 2-7 同一场景在不同色温状态下的图片

五、颜色的三种属性

现代色彩学把色彩分为两大类，即有色彩和无色彩。颜色不只有红、橙、黄、绿、青、蓝、紫，其间的明暗、浓淡变化令色彩可以有无限的变化。除此之外，大家认识中的色彩一般还包括黑色、白色，以及各种不同深浅的灰色。但在摄影的观念中，黑、白、灰均属中性色；而在色彩理论中，黑、白、灰均属于无色。要掌握色彩在摄影中的作用，要先学会分辨色彩。色彩以三种属性体现出来，分别是色相（Hue）、饱和度（Saturation）和明度（Lightness），这三种属性能把色彩表现出不同的颜色变化。

1.色相

色相是指一种颜色的外观，即红（Red）、洋红（Magenta）、蓝（Blue）、青（Cyan）、绿（Green）、黄（Yellow）之间的循环变化，其间的变化是连续和渐变的，可以利用色相环（Hue Wheel）表示。在色相环中，正对面的两种色彩之间的关系是互补色，例如红色与其对面的青色就是互补色，它们之间有最强烈的对比，在摄影的画面中使用对比色就会表现出强烈的颜色反差。在

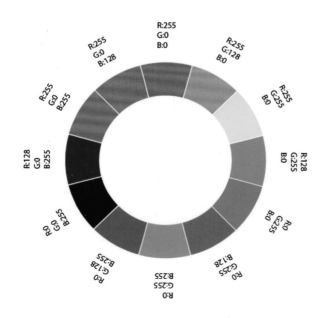

图 2-8 色相

图 2-9 饱和度

色相环中邻近的色彩是类似色，在摄影的画面中使用类似的颜色，画面的色调就会显得柔和。（图 2-8）

2．饱和度

饱和度是指一种颜色的浓淡变化。任何色彩可以由最浓的饱和色慢慢淡化至无色，也能变化出浓淡不同的灰色。当色彩最浓烈时，亦即饱和度最高，就是非常鲜艳的颜色。色彩一旦超出正常的饱和度，就是过分饱和，令影像看来极不自然。（图 2-9）

3．明度

明度是指人眼对色彩的明暗度或色光照明的强度的感觉。色彩的明度变化也使色彩看起来不同。当色光的强度较大时，色彩看来会相当明亮；当明度加强，色彩可以由正常变为明亮再变成过曝，色彩就会随之消失而变为白色。但当色光减弱时，原本正常的色彩看来变得灰暗，进而减弱以至最终变为黑色。可以利用数码相机的曝光补偿做 ±5EV 的曝光拍摄实验，拍摄色彩鲜艳的主

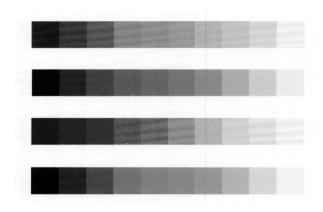

图 2-10 明度

体，看看色彩由正常变黑及变白的情况。（图 2-10）

通过颜色的三种属性，我们看到一种色彩的表现是由色相、饱和度和明度决定的。利用这三种属性，我们可以在影像拍摄和影像后期处理中，通过改变色彩的表现，使画面融入作者的情感。

4. 原色、混合色与补色

原色一般指色光三原色，即红光、绿光及蓝光，简称 RGB。它们是人类对色彩认知的最基本颜色，利用它们可以混合出其他色光。所有可以用其他色光混合而成的色光都是混合色，只有三原色的色光不能由其他色光混成，当相同密度的三原色色光混合在一起时，便可以产生纯白的光。利用三个相同的白色光源分别加上三原色透光片，可以投射出红、绿、蓝三原色色光；三原色色光共同投射向同一位置，该位置便会显现为白色。

补色是指任何两种以适当比例混合后而呈现白色或灰色的颜色，即这两种颜色互为补色。补色总是成对出现。色相环上位于对侧的任何两种颜色互为补色。如黄与蓝、青与红、品红和绿均为互补色。一种特定的色彩总是只有一种补色，做个简单的实验即可得知。当我们用双眼长时间地盯着一块红布看，然后迅速将眼睛转移到一面白墙上，视觉残像就会感觉白墙上出现绿色或青色。这种视觉残像的原理表明，人的眼睛为了获得视觉平衡感，总要产生出一种补色。（图 2-11、2-12）

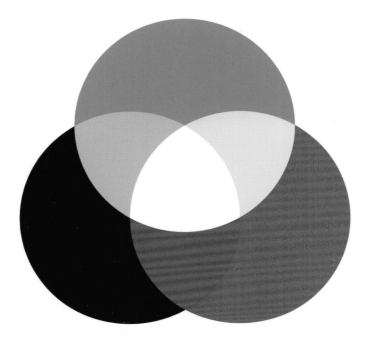

图 2-11　三原色

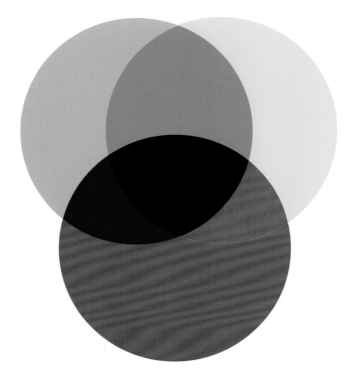

图 2-12　三补色

5. 加色法与减色法

加色法：是指色光的红、绿、蓝三基色按不同比例相加而混合出其他色彩的一种方法。当三基色物理分量比例相同时混合得到白色光，三基色分量比例不同时混合后可产生各种色光，当三基色照射至白色物质上反射的颜色是其补色，三基色与三补色的关系称作互补色。

减色法：利用光波的反射与吸收来获得色光的方法我们称为减色法。在一束光线中，用一种颜色来过滤其他色光，会得到特定的颜色。当从白光中分别吸收了光的三原色，便得到了被减色光的补色。

第三章　白平衡

　　人眼所见到的白色或其他颜色同物体本身的固有色、光源的色温、物体的反射或透射特性、人眼的视觉感应等诸多因素有关。例如，当有色光照射到消色物体时，物体反射光颜色与入射光颜色相同，即红光照射下的白色物体呈红色，两种以上有色光同时照射到消色物体上时，物体颜色呈加色法效应，如等比例的红光和绿光同时照射白色物体，该物体就表现为黄色。当有色光照射到有色物体上时，物体的颜色呈减色法效应，如黄色物体在品红光照射下呈现为红色，在青色光照射下呈现为绿色，在蓝色光照射下呈现为灰色或黑色。

　　由于人眼具有独特的适应性，我们有的时候不能发现色温的变化。比如在钨丝灯下待久了并不会觉得钨丝灯下的白纸偏黄或偏红，如果突然把日光灯改为钨丝灯照明就会察觉到白纸的颜色偏黄或偏红了，但这种视觉也只能够持续一会儿。数码相机的图像感应器并不能像人眼那样具有适应性，所以如果相机的白平衡设置同景物照明的色温不一致就会发生偏色现象。这时我们可以应用白平衡来校正色彩倾向。白平衡可以简单地理解为在任意色温条件下，相机镜头所拍摄的标准白色经过电路的调整，成像后仍然为白色。（图3-1）

　　白平衡调整在相机设置上一般有三种方式：预置白平衡、手动白平衡和自动跟踪白平衡调整。为了更好地理解白平衡的原理，我们首先要了解什么是白色。物体反射出的光色由光源的色彩而决定，人类的眼睛之所以把一些物体看成白色的，是因为人的大脑可以测定并且校正类似于这样的色彩改变，因此不论在晴朗或阴霾的天气，在室内或荧光等不同的光线条件下，人们所看到的白色物体的颜色仍然是白色。人眼可以进行自我适应，但是数码相机就不具备如此智能的功能了。为了贴近人类的视觉标准，数码相机模仿人类视觉与大脑呈现视觉的方式，并根据光线来调整色彩，也就是需要自动或手动调整白平衡来

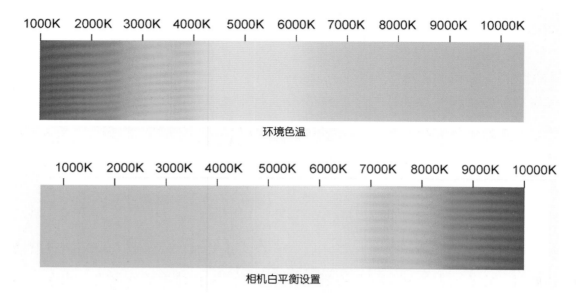

图 3-1 色温与相机白平衡设置

达到令人满意的色彩。数码相机的白平衡感测器一般位于镜头的下方，可以自动地感知周围环境，从而调整色彩的平衡。

一、数码相机内的白平衡模式

自动白平衡：自动白平衡通常为数码相机的默认设置。相机中有一结构复杂的矩形图，它可以决定画面中的白平衡基准点，以此来达到白平衡调校。这种自动白平衡的准确率较高。而在多云天气下，许多自动白平衡系统的效果一般，它可能会导致画面偏蓝。

钨丝灯白平衡：一般用于由灯泡照明的环境中。当相机的白平衡系统知道将不用闪光灯而在钨丝灯环境中拍摄时，它就会重新决定白平衡的位置。

荧光白平衡：适合在荧光灯下作白平衡调节，因为荧光的类型有很多种，如冷白和暖白，因而有些相机不只有一种荧光灯白平衡调节模式。不同区域使用的荧光灯不同，因而荧光灯白平衡调节模式设置也不一样，摄影师必须确定照明是哪种类型的荧光，在使相机上进行效果最佳的白平衡设置。

手动调节：需要给相机指出白平衡的基准点，即以画面中哪一个白色物体作为白点。但问题是什么是白色，譬如不同的白纸会有不同的白色，有些白纸可能稍微偏黄些，有些白纸可能只是稍微偏白，而且光线会影响我们对白色的感受，如何确定真正的白色？解决这种问题的一种方法是随身携带一张白平衡色卡，拍摄时拿出来与拍摄对象比较一下就能达到手动调节白平衡的目的。

二、白平衡色卡

数码相机可以让你自定义白平衡，进行这样的操作之后，无论当前照明条件如何，相机的白、灰、黑都会还原为中性色，图像感应器偏色现象也会被纠正。没有条件的情况下，可以用一张复印纸进行白平衡调整，但这种方法并不能完全准确还原颜色。看似白色的物品可能只是看起来是白色，但其实并不是，它可能因含有荧白增白剂而偏蓝，因此往往导致错误的白平衡调整。专业的白平衡色卡可以一直保持光学中性，能够反射同等量的红、绿和蓝色光，每次都可以给出真正的白平衡结果。

把白平衡色卡置于拍摄的场景内，保证照明光线与拍照时的一致性，将相机靠近白平衡卡直到它填满取景器，之后进行调整操作。白平衡色卡的作用是在不同的光线条件下调整红、绿、蓝三原色的比例，使其混合后成为白色，这也是加色法的原理。摄影系统能在不同的光照条件下得到准确的色彩还原，这就如我们人眼一样可在不同的色光下辨别固有色。（图 3-2）

除了白平衡色卡外，灰平衡色卡（灰卡）也可以作为白平衡调整的有效工具。灰卡又叫"18% 灰度卡"。通常来讲，黄种人手臂的肤色大约就是 18% 的反射率。数码相机的自动白平衡和手动白平衡调整，可满足一般要求下的拍摄，但在专业摄影或商业摄影的要求下，需要高标准的色彩还原。而灰卡因可以反射等量的 RGB 光线，也可以用来作为自定义白平衡的基准。其表面为 18% 灰度，在明亮的光源环境下可以反射出适合成像的光线。但在阴暗或较弱的光线下，它

图 3-2 白平衡色卡

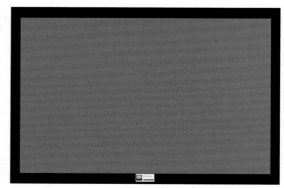

图 3-3 灰卡

的反光量不足，作为自定义白平衡校准对成像会有一定的影响。这种色卡类似于柯达黑白胶卷的盒盖，这个盒盖就是灰卡，虽然它的面积不大，但是用于测光是很方便的，在使用银盐相机拍摄时，让测光表或机内测光系统覆盖到灰色盒盖上，就可以获得准确的曝光值。在自定义白平衡调整中，灰卡起到校准场景色彩的作用，这也说明了：同样的 18% 灰卡在用于不同场景时可以解决不同的问题，一个是黑白摄影的准确曝光，一个是数码摄影中色彩的正确还原。（图 3-3）

第四章 标准光源

一、观察条件与标准

对于很多需要后期打印或对颜色准确性要求很高的视觉工作场合而言，寻求一个能够忠实表现原稿颜色的观察环境，的确是非常困扰用户的问题。一份图片样稿究竟要在怎样的环境条件下检查，所做出的评价才够标准、才不会有色差，这在色彩管理中是有一系列工作标准和要求的。校对原稿与复制品的最佳条件，莫过于与印刷品等同的最终观察环境。因为光源会随着时间、环境而改变，物体在不同光源下有不同的显色情况，例如同一张图片在不同的显示器或光源条件下会显示出不同的颜色外观，如果要输出适合不同光源下观察的印刷品，成本、人力都会造成不必要的浪费。因此，我们必须制定一个客观而标准的环境，确保在整个输出过程中能使用统一的观察条件。这时我们就需要标准照明体与标准光源，只有在这两项标准的保证下，我们的样稿观察条件才能保证标准化，而不会产生偏色的问题。

鉴于不同光源对物体有不同程度的颜色影响，CIE 国际照明标准协会规定了下列的标准照明体，并指定其光谱能量分布。然而，标准照明体能够由不同的光源组合来实现，不同的物质又均有不同的稳定性，所以 CIE 推荐一系列标准光源（人造光源）来配合标准照明体。国际标准认证协会已提出 ISO3664《观察色彩透视片和复制品的照明条件》，其中提及在印刷复制工序中的观察条件有四点：1.照明光源的光谱能量分布；2.光源的发光程度和均匀度；3.观察环境条件，包括观察环境和照明；4.照明环境的稳定性。

ISO3664:2000 标准对照明光源的要求更严格，它考虑了现今的彩色成像技术以及打印系统，同时对物料在不同光源下产生同色异谱的问题作出规定，并且针对 UV 上光剂的效果对印刷品的影响而制定出这个新版本。

1. 照度

ISO3664：2000 标准制定了两个照度标准，使用情况详见下面说明。

照明标准	数值
观察灯光色温值	D50（5000K）
CRI（日光值）	CR190
工作环境亮度值	32Lux—64Lux
工作环境色温值	D50
屏幕的辉度程度	$75cd/m^2$—$100cd/m^2$
屏幕的色温	D65（6500K）
输出后图像的亮度值	1500Lux—2500Lux

表 4-1 ISO3664：2000 标准中关于取景条件绘图技术和摄影中的照明标准数值

（1）高照度 2000±500Lux 用于评测和比较图像，严格地评测印品时。

（2）低照度 500±25Lux 用于在相似最终观察条件下，分辨图像暗调细节时。

2.观察环境

观察环境可能是打印输出、印刷业容易忽略的一个环节。在 ISO 标准中有以下的提示：

（1）把周围环境干扰减至最少。

（2）在进入观察环境后不应立即开始评判印品，应有适应环境的时间。

（3）不应有额外的光线进入观察范围（包括反射）。

（4）周围不应有强烈的色彩（如工人的工作服）。

（5）观察范围周边应为中性灰色无光、反射率小于 60% 的色块。

二、 对 5000K 的误解

有些打印者会说自己用的对色稿光源已是 5000K 色温的光源，为何到用户那里同样是 5000K 的光源环境，稿件的色彩仍有误差。其实 5000K 只是形容光源的色温，并不代表光源的全部，正确的描述应该是：由 D50 标准照明体所发出的光源才是公认的印刷工艺用的光源指标。这种光源发出的光除要有合适的色温外，还要有足够的显色性。我们将一个能完全吸收与放射能量的标准黑体加热，当温度逐渐升高，其发出光源的色彩亦随之而变化，如正午日光的色温为 6500K，当此黑体加热到 6500K 时，其光源色彩等同于正午日光的色彩，我们亦以此来量化光源的色彩分布。而 5000K 色温，就是把该黑体加热到 5000K 时，其光色变化呈白色，并测量其光谱能量分布，蓝、绿、红色光的波段能量呈等能状态，亦即最理想的白光，偏色情况最低，因此印刷工艺选用 5000K 色温的光源。

其次，就是显色性的问题。显色性是指物体在日光与人工光源照射下颜色的匹配程度，物体在日光中所呈现的颜色是最准确的，因为日光中的光谱能量分布最全面，亦能够完整表达物体的颜色。但是人造照明体因应用不同物料，其光谱能量分布与日光有很大差别，然而，就算照明体是色温已达 5000K 的人造白光，但物体颜色仍与日光下看到的有所不同。主要是人造光源中往往会缺少某些单色光成分，其显色指数亦低于 100Ra。显色指数的高低代表了该物体的失真情况。但是有高的显色指数并不代表没有偏色。光源的色温与显色性要相互配合，色温是光源色的指标，显色性则是光的质量指标。CIE D50 标准照明体的订定，就是说明光源的质素、色相要标准化。

三、常用标准光源种类

我们知道，照明光源对物体的色彩影响很大。不同的光源有着各自的光谱能量分布及色彩，在它们的照射下物体表面呈现的色彩也随之变化。为了统一对色彩的认识，首先必须要规定标准的照明光源。因为光源的色彩与光源的色温密切相关，所以 CIE 规定了四种标准照明体的色温标准。

标准照明体 A：代表完全辐射体在 2856K 发出的光（X_0=109.87，Y_0=100.00，Z_0=35.59）。

标准照明体 B：代表相关色温约为 4874K 的直射阳光（X_0=99.09，Y_0=100.00，Z_0=85.32）。

标准照明体 C：代表相关色温约为 6774K 的平均日光，光色近似阴天天空的日光（X_0=98.07，Y_0=100.00，Z_0=118.18）。

标准照明体 D65：代表相关色温大约为 6504K 的日光（X_0=95.05，Y_0=100.00，Z_0=108.91）。

标准照明体 D：代表标准照明体 D65 以外的其他日光。

CIE 规定的标准照明体是指特定的光谱能量分布，是规定的光源颜色标准。它并不是必须由一个光源直接提供，也并不一定用某一光源来实现。为了实现 CIE 规定的标准照明体的要求，还必须规定标准光源，以具体实现标准照明体所要求的光谱能量分布。CIE 推荐下列人造光源来实现标准照明体的规定：

　　标准光源 A：色温为 2856K 的充气螺旋钨丝灯，其光色偏黄。

　　标准光源 B：色温为 4874K，由 A 光源加罩 B 型 D-G 液体滤光器组成，光色相当于中午日光。

　　标准光源 C：色温为 6774K，由 A 光源加罩 C 型 D-G 液体滤光器组成，光色相当于有云的天空光。

标准光源对色灯箱常备光源	色温
D50 国际标准人工日光（Artificial Daylight）	色温：5000K
D65 国际标准人工日光（Artificial Daylight）	色温：6500K
TL84 欧洲、日本、中国商店光源	色温：4000K
CWF 美国冷白商店光源（Cool White Fluorescent）	色温：4150K
UV 紫外灯光源（Ultra-Violet）	波长：365nm
U30 美国暖白商店光源（Warm White Fluorescent）	色温：3000K
TL83 欧洲标准暖白商店光源（Warm White）	色温：3000K

表 4-2 标准光源对色灯箱常备光源色温

第五章　数码摄影后期色彩的调整

一、校准

色彩管理必须遵循一系列规定的操作过程，才能实现预期的效果。色彩管理过程有三个要素，简称为"3C"，即校准（Calibration）、特性化（Characterization）、转换（Conversion）。

1. 校准

为了保证色彩信息传递过程中的稳定性、可持续性，应对输入设备、显示设备、输出设备进行校准，以保证它们处于标准工作状态。输入校正的目的是对输入设备的亮度、对比度、黑白场、RGB 三原色进行校正。显示器校正使得显示器的显示特性符合其自身设备描述文件中设置的理想参数值，使显示卡依据图像数据的色彩资料在显示屏上准确显示色彩。输出校正包括对打印机、印刷机等设备进行校正。在印刷与打样校正时，必须使该设备所用纸张、油墨等印刷材料符合标准。校准设备需要使用专业仪器测量色彩数值。

2. 特性化

当所有的设备都校正后，就需要将各设备的特性记录下来，这就是特性化过程，记录设备颜色特性同样需要专业仪器测量。彩色桌面系统中的每一种设备都具有其自身的颜色特性，为了实现准确的色彩空间转换和匹配，必须保障设备的特性化功用。利用一个已知的标准色度值表，如 IT8 标准色标，用专业仪器测量设备所产生的色度值并对照该表的色度值，做出该设备的色度特性化曲线。

IT8 标准色标：美国国家标准协会（ANSI）的图像技术委员会开发的标准

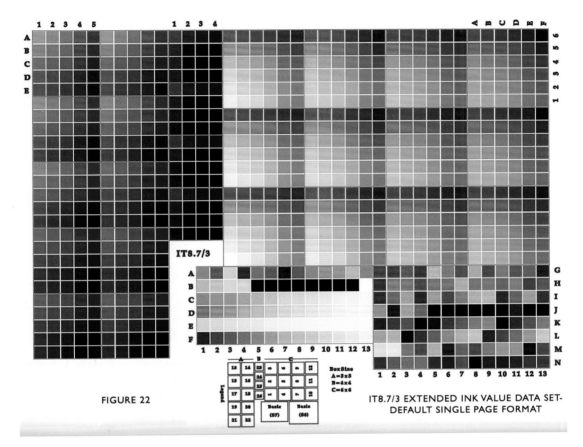

图 5-1 IT8.7/3 标准色标

色标，分为三种，其中，扫描仪和显示器校准使用的是定义透射和反射的
IT8.7/1 和 IT8.7/2，目前较为常用的 IT8 色标是由柯达（Kodak）公司提供的
Q-60 反射、透射色标和反射色标，IT8 标准色标的提供厂商还有富士（FUJI）
公司和阿克发 - 吉伐（AGFA）公司。打印和印刷校准使用的是 IT8.7/3。在
做出设备的色度特性曲线的基础上，色彩管理软件中的描述文件生成软件会对
照与设备无关的色彩空间（如 CIE Lab），做出设备的色彩描述文件（profile），
这些描述文件是从设备色彩空间向与标准设备无关的色彩空间进行转换的桥
梁。（图 5-1）

3.转换

在对系统中的设备进行校准的基础上，利用设备描述文件，以标准的与设备无关的色彩空间为媒介，实现各设备色彩空间之间的正确转换。由于输出设备的色域要比原稿、扫描仪、显示器的色域窄，因此在色彩转换时需要对色域进行压缩，色域压缩在ICC协议中提出了四种方法。

（1）可感知（Perceptual）

从一种设备空间映射到另一种设备空间时，如果图像上的某些颜色超出了目的设备的色域范围，这种复制方案会将原设备的色域空间压缩到目的设备空间的大小。这种收缩整个颜色空间的方案会改变图像上所有的颜色，包括那些位于目的设备空间色域范围之内的颜色，但能保持颜色之间的视觉关系。这种方式压缩的图像，在饱和度、明度和色相上均会出现损失，且损失程度相同。这种转换方式适用于摄影类原稿的复制，会使各部位颜色比较协调。（图5-2）

（2）饱和度（Saturation）

当转换到目的设备色彩空间时，这种方案主要是保持图像色彩的相对饱和度。超出色域的颜色被转换为具有相同色相，但刚好落入色域之内的颜色。这种方法追求高饱和度，不一定忠实于原稿，其目的是在设备限制的情况下达到饱和的颜色。它适用于那些颜色之间视觉关系不太重要，希望以亮丽、饱和的颜色来表现内容的图像的打印。这种压缩方式较适合商业印刷，印刷成品要求有很明快的对比度，如招贴、海报等。（图5-3）

（3）相对比色（Relative Colorimetric）

采用这种方案进行色彩空间映射时，位于目的设备颜色空间之外的颜色将被替换成目的设备颜色空间中色度值与它尽可能接近的颜色，位于目的设备的

图 5-2　可感知

图 5-3　饱和度

数码摄影与色彩管理

图 5-4　相对比色

图 5-5　绝对比色

颜色空间之内的颜色将不受影响，采用这种复制方案可能会引起原图像上两种不同颜色在经过转换之后得到一样的颜色。用这种方法可以根据打印用纸的颜色标定白场，适合色域范围接近的色彩空间转换。（图 5-4）

（4）绝对比色（Absolute Colorimetric）

这种方案在转换颜色时会精确地匹配色度值，不做出影响图像明亮程度的白场、黑场的调整。在复制颜色时从视觉上看会在饱和度和明度上有较大的损失，故在色彩管理中是最少用的方式，只适合色域基本一致的色彩空间转换，一般用于印刷校样。（图 5-5）

二、图像调整前的准备工作

目前我们调整图像广泛使用的软件是 Photoshop，因为其强大的工具可以增加、修复和校正影像中的色调、颜色、亮度、暗度和对比度等相关元素。在调整图像之前，以下一些基本原则需要注意。

1. 使用经过颜色、亮度、对比度校准后的显示器，是图像获得色彩还原的基础。否则，图像在显示器和打印设备上的显色会产生明显差异。

2. 使用图层选项来调整图像的曲线和色彩平衡。因为使用调整图层可以修改或退回原始图像，而无须扔掉或永久修改原始图像中的数据，相比无图层的图像修改会更加灵活方便。

3. 如果想保留大量的图像数据信息，最好使用 16 位通道图像，而不要使用 8 位通道图像。因为 8 位通道图像中数据信息的压缩程度比 16 位通道图像严重，也即这种模式下会压缩掉电脑认为不必要携带的数据信息。

4.尽量使用图像的拷贝进行工作，以防因为工作的失误或调整而不能退回原始图像。

三、颜色与影调的调整

在校正图像的影调和颜色时，通常需要遵循以下工作流程：

首先，使用直方图检查图像的品质和色调范围。其次，打开调整面板进行颜色和色调调整。最后，使用色阶或曲线调整曝光和色调。校正色调时，首先调整图像中高光和阴影的最亮和最暗部分，目的是整体调整图像的影调范围。

以 Photoshop 为代表的影像后期处理软件可以调整图像的颜色与色调，还可进行自动调整色阶、曲线、曝光度、色彩平衡、色相和饱和度等多种功能调整，可以根据个人工作习惯进行调整。

1.色阶调整

色阶调整功能可以调整图像的亮部、中间调和暗部的影调范围，从而校正图像的色调范围和色彩平衡。色阶中滑块位于 0 代表图像的最暗部，滑块位于 255 代表图像的最亮部，其余的色阶在 0 和 255 数值之间。输入 128 用于调整图像中的灰度系数，并更改灰色调中间范围的强度值，但不会明显改变高光和阴影。如果图像需要调整整体对比度，将暗部和亮部滑块向内拖移，就会增强图片的明暗对比度。（图 5-6）

2.曲线调整

曲线调整的功能很强大，可以校正曝光、颜色两大部分。打开曲线图层面板，图像的色调在图形上会表现为一条直的对角线。在调整 RGB 图像时，图形右上角区域代表亮部，左下角区域代表暗部。图形的水平轴表示输入色阶（原始图像值），垂直轴表示输出色阶（调整后的新值）。

使用曲线调整图像颜色和色调，移动曲线顶部的点可调整亮部，移动曲线中心的点可调整中间调，而移动曲线底部的点可调整暗部。若使亮部变暗，请将曲线顶部附近的点向下移动；若使阴影变亮，可以将曲线底部附近的点向上移动。向上或向下拖动控制点使得色调区域变亮或变暗，向左或向右拖动控制点可以增大或减小对比度，最多可以向曲线中添加14个控制点。如果要移去控制点，可以迅速拖动它并弹出，使曲线恢复原始状态。在曲线功能中可选择铅笔工具，并在现有曲线上绘制新曲线。绘制完成后，可单击平滑曲线值处理绘制的曲线。（图5-7）

3. 色相饱和度调整

使用色相饱和度，可以调整图像中特定颜色范围的色相、饱和度和亮度，或者同时调整图像中的所有颜色。此调整尤其适用于微调 CMYK 图像中的颜色，以便它们处在输出设备的色域内。

色相与饱和度对话框中显示有两个颜色条，它们以各自的顺序表示色轮中的颜色。上面的颜色条显示调整前的颜色，下面的颜色条显示调整如何以全饱和状态影响所有色相。在"属性"面板中，从图像调整工具右侧的菜单中选取"全图"可以一次调整所有颜色。对于色相调整，可输入一个值或拖移滑块，直至对颜色满意为止。框中显示的值反映像素原来的颜色在色轮中旋转的度数。正值代表顺时针旋转，负值代表逆时针旋转。输入值的范围可以是 −180 到 +180。对于饱和度调整，可以输入一个确定的数值得到想要的效果，也可以将滑块向右拖移增加饱和度，向左拖移减少饱和度。将滑块向左右两侧或向中间拖移，颜色将变得远离或靠近色轮的中心。输入值的范围在 −100 到 +100 之间。对于明度调整，同样可以输入一个值，或者向右拖动滑块以增加亮度（向颜色中增加白色），或向左拖动以降低亮度（向颜色中增加黑色）。输入值的范围可以是 −100 到 +100。（图5-8）

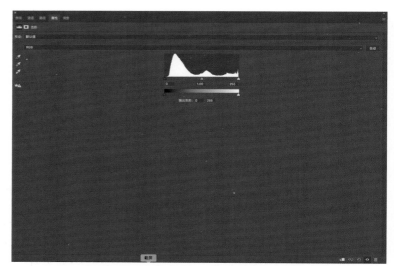

图 5-7 色阶调整

图 5-6 曲线调整

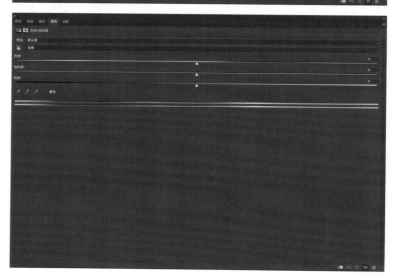

图 5-8 色相饱和度调整

附录：数码摄影与色彩管理专业词汇表

1. 颜色通道

　　每个 Photoshop 图像都有一个或多个通道，每个通道中都存储了关于图像色素的信息。图像中的默认颜色通道数取决于图像的颜色模式。默认情况下，位图、灰度、双色调和索引颜色模式的图像有一个通道。RGB 和 Lab 图像有三个通道，而 CMYK 图像有四个通道。除位图模式图像之外，其他所有类型的图像中都可以添加通道。实际上，彩色图像中的通道是用于表示图像的每个颜色分量的灰度图像。例如，RGB 图像具有分别用于红色、绿色和蓝色值的单独通道。

2. 位深度

　　用于指定图像中的每个像素可以使用的颜色信息数量值。每个像素使用的信息位数越多，可用的颜色就越多，颜色表现就越逼真。例如，位深度为 1 的图像的像素有两个可能的值：黑色和白色。位深度为 8 的图像有 2^8，即 256 个可能的值。除了 8 位通道的图像之外，Photoshop 还可以处理包含 16 位通道或 32 位通道的图像。包含 32 位通道的图像也称作"高动态范围（HDR）图像"。

3. 数码图像文件的格式

　　图像文件格式是指计算机中存储图像文件的方法，它们代表不同的图像信息，比如矢量图形还是位图图像、色彩数和压缩程度。图形图像处理软件通常会提供多种图像文件格式，每一种格式都有它的特点和用途。在选择输出的图像文件格式时，应考虑图像的应用目的。下面介绍几种常用的图像文件格式。

（1）TIFF

　　标签图像文件格式（Tagged Image File Format）是一种主要用来存储

高质量图像的文件格式。使用无损格式存储图像的能力使 TIFF 文件成为图像存档的有效方法。与 JPEG 文件不同，TIFF 文件可以编辑后重新存储而不会有压缩损失。

（2）JPEG

JPEG 文件格式（Joint Photographic Experts Group）是由国际标准组织（International Standardization Organization，简称 ISO）和国际电话电报咨询委员会（Consultation Commitee of the International Telephone and Telegraph）为静态图像所建立的第一个国际数字图像压缩标准，支持最高级别的压缩。不过，这种压缩是有损耗的，可以通过提高或降低 JPEG 文件压缩的级别来获得自己可接受的图像。JPEG 图像压缩级别共有 12 级。

（3）GIF

GIF 文件格式（Graphics Interchange Format）的原义是图像互换格式。GIF 是用于压缩具有单调颜色和清晰细节的图像（如线状图、徽标或带文字的插图）的标准格式。网上的小图标、小动画大多是这个格式的图片。

（4）PSD

PSD 文件格式是 Adobe 公司的图形设计软件 Photoshop 的专用格式，PSD 文件可以存储成 RGB 或 CMYK 模式，还能够自定义颜色数并加以存储，还可以保存 Photoshop 的层、通道、路径等信息。

（5）RAW

严格地说，RAW 文件并非一种图像格式，不能直接编辑。RAW 文件是相机的 CCD 或 CMOS 将光信号转换为电信号的原始数据的记录，单纯地记录了数码相机内部没有进行任何处理的图像数据，并将其存储下来。RAW 是未经处理的一张"数字底片"，允许在电脑里对色温、曝光、对比度、饱和度等选项进行调整，而且能生成 16 位的图像。

作品赏析

　　水台边的两个红色西红柿，在暗色调的周围环境中形成了红与黑颜色上的鲜明对比，使主体更加鲜明。同时，高饱和的红色又巧妙地避免了杂乱的背景过于突出，避免了不必要的视觉干扰，使得画面更加简洁。

　　该幅作品以黄色调的机器外表为主要色调，斑驳的红色锈迹与主体的黄色调构成了暖色调的颜色外观，使得作品有着很强的表现力。

　　这幅作品中展示的是沙发的一个角落，室内闪光灯的使用，显现出沙发布料的本来颜色，整幅作品的色调因为物体的原因显得偏红。

　　一顶灰色的帽子和一张青白色的毯子，二者的组合形成了画面的主体。在光影的作用下，青白色毯子的质感与皱褶都表现了出来，在阴影处显出微微的青色。而帽子的灰色中又含着少许的紫色，青白色调与紫灰色调在静物式的组合中，形成了颜色、光影的对比与衬托。

　　人工光下的水母游动在水中，绿色调铺满整幅画面，突出展示了海洋与生物体活动中的颜色表现。

　　画面中大面积的棕色落地窗帘成为绝对的主体，地面与露出的椅子腿是黄色的。画面主色调以暗棕色为主，配以射入的光线，造成了视觉的反差。

这是逆光条件下拍摄的一幅风景剪影。整幅照片是典型的低色温，黄色调的画面特别符合落日黄昏时间的气氛，并加以景物的剪影，构成了一幅具有视觉表现力的画面。

　　画面中是阴天时拍摄下的乌云与飞鸟。对色调的主观调整降低了整体饱和度，暗蓝色调的倾向充满整幅画面，通过颜色给人以主观情绪的表达与传递。

　　一个恐龙模型在底光的照射下凸显出塑胶的质感和背部的暗调，形成了特殊的光影效果。前景中大面积白色调的框取，背景因为光线的减弱而变成了灰色，使整幅画面呈现为中性色调。

　　近景拍摄的枯萎的根在低色温光线的照射下显得更加枯黄，在与紫蓝色调的背景形成的一前一后的颜色对比中，画面的远近空间感得到增强。

　　冬日的雪景中，农家草棚仓库边一只孤零零的网袋在逆光中得到凸显。画面以近似消色的草棚背景为衬托，醒目的光线照射在网袋上形成了明亮的黄色调，与周边雪地的冷色调对比，画面气氛变得活跃。

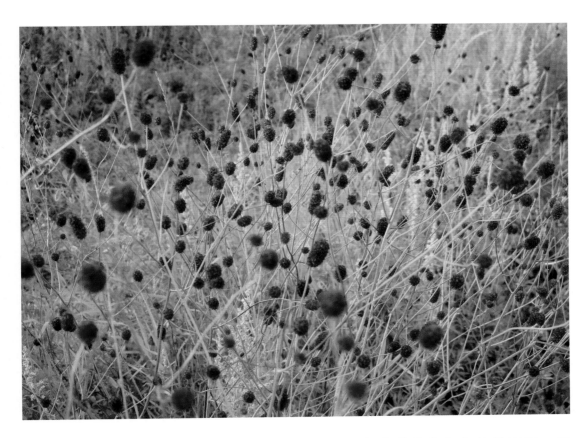

　　这幅作品拍摄于草丛中，色调以绿色为主，但在花的紫红色的搭配下，画面产生了颜色、远近、虚实的对比。

　　画面中是运用特写式构图拍摄的一朵黄花，在黑色背景衬托下的黄绿颜色更加醒目突出。

　　画面以人工玻璃栈道为主体，经过后期影调反差的调整，使金属栏杆和玻璃反射的高光部分很好地保留了应有的影调层次。前景中突出的石头经过后期的调整，颜色显现出应有的偏暖色调，并与周围环境的偏冷色调形成恰当的对比，从而使得画面气氛更加活跃，为观者带来了良好的视觉感受。

　　这是一幅以单色调为主导的作品。背景中是虚化的绿色原野，使绿色的草穗作为画面主体得到了强化，给人以蓬勃向上的生命之感。

　　远摄镜头压缩了故宫建筑物的空间层次，让观者的关注点更加集中在色调的搭配上。灰砖瓦的黄红色调与琉璃瓦的绿色调产生了对比，更加突出了琉璃瓦的颜色，使之在视觉上显得更加醒目，并有递进感。

　　这幅作品以近景镜头拍摄了砂砾地上的绿色昆虫，并以大光圈虚化前景与背景，从而突出了拍摄对象。从颜色方面来看，砂岩质地的背景呈现为大面积的暖色调，在与昆虫鲜艳绿色的对比中，使观者获得了视觉平衡感。

　　近景中的城市建筑与远景中的绿色山脉形成了画面的主要色调。以红、黄为主色调的人工建筑与绿色植被覆盖的山川形成互补色的对比，画面通过清晰的色彩分割线呈现出同一空间下的不同区域。

　　秋天时节，红、绿、黄色充满山野间，一轮早升的明月挂在蓝色的天空中。这幅作品主要以冷色调构成，少量的红、黄色相间其中，为画面增添了一丝暖意，同时使得画面色彩相映成趣。

　　这幅作品中展示的是一座沙土加工场。近景中微黄的色调与远景中的冷白沙土堆和蓝色调的天空形成了丰富的色调变化，也构成了视觉上的多重递进感。

　　画面中是一个室内空间的角落，光线透过绿色窗帘照进室内，使画面整体色调表现为绿色调，并反射到了落地的风扇上。淡淡的绿色给人以沉静的视觉感受。

　　作品中是在雨天拍摄的窗玻璃。雨珠挂在玻璃上，周围的建筑形成了暗影，加以主观色调的调整，雨天的主观气氛通过冷色调很好地烘托出来，传达出作者的情绪感受。

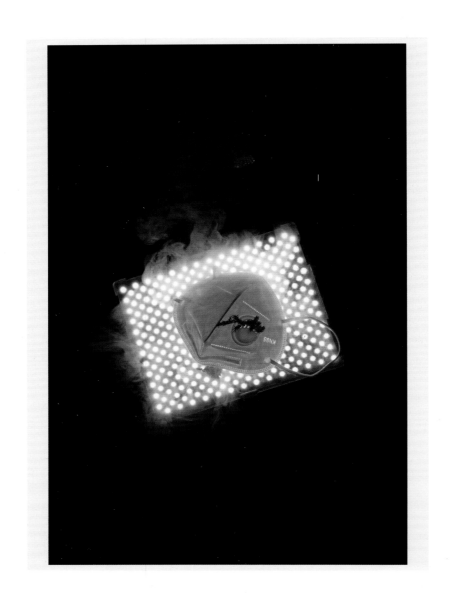

　　作品中使用 LED 灯作为背景光，将口罩放置其上，此类光源的色温接近
6500K，不会产生过多偏色。口罩因为逆光原因在色调上呈现出中灰色，与背
景光形成了从高光到灰色调的过渡。画面中并没有其他颜色，整幅画面色调呈
现为中性色调组合。

　　一对干莲蓬，放置在白色的背景上。画面以消色作为主色调，枯萎的莲蓬变成了暗棕色，白色的背景很好地衬托出拍摄对象。